U0162231

基因

[韩]金成花　[韩]权秀珍 / 著　[韩]赵胜衍 / 绘　小栗子 / 译

电子工业出版社·
Publishing House of Electronics Industry
北京·BEIJING

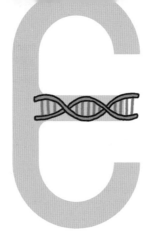

学校里来了一名新的转学生。

他是个GMO人类。

"GMO人类是什么？"

GMO人类就是转基因人类。

据说他是一个被定制出来的孩子，是他的爸爸妈妈到婴儿设计中心定制的，他——

个子高，力气大，

性格好，智商高，

弹得一手好钢琴，

绝对不会头谢顶，

没有不良遗传病，

健康长寿又聪明！

也许在未来世界里，会有两种不同类型的孩子。

一种是普通的人类小孩，另一种是爸爸妈妈特别定制的GMO孩子！

你希望自己是哪一种孩子？

未来会有GMO人类吗？

我们真的可以改造人类的基因吗？

也许可以吧！

毕竟人类已经积累了很多关于基因的知识，对基因的理解也越来越深入。

让我们睁大眼睛耐心等待吧！在我们离开这个世界之前，一切皆有可能！

记住，你出生和生活在一个非常了不起的时代！当然，这同时也是一个"危机四伏"的时代！

01

超级猪
出现了

"怎么回事？怎么回事？发生了什么事？"

2015 年 6 月，世界上第一只超级猪诞生了。

这只小猪长大以后肌肉非常发达，浑身几乎没有脂肪，而且力大无穷，比其他任何一只猪都强壮。

超级猪自己也觉得有些莫名其妙，毕竟它的爸爸、妈妈、爷爷、奶奶、外公和外婆都是非常普通的猪。

超级猪是由中韩两国的研究团队培育出来的，他们利用最先进的基因技术培育出了 32 只超级猪。

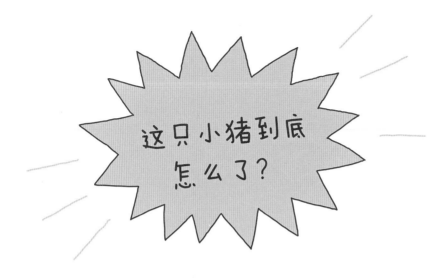

这只小猪到底
怎么了?

　　专家们只是稍微动了一下猪的基因,去除了猪身体里遏制肌肉生长的基因,这些猪就都比普通的猪更加健壮,然后变成了肌肉发达的超级猪。

　　也许在不久的将来,世界上就会出现许多专门饲养超级动物的农场了。

　　呼噜呼噜!吱吱吱!汪汪!喵!

"超级动物？"

没错。

例如，拥有非凡记忆力的老鼠，荧光闪闪的鱼，生长速度飞快的鲑鱼，背部发白的青蛙，和存钱罐差不多大小的迷你猪，尿液可以用来治病的猪，不会染上禽流感的鸡，会编蜘蛛网的羊，以及紫外线一照射就发光的小猫！

超级鼠、超级鱼、超级鸡、超级羊、超级猫……世界上会不断地涌现新的超级动物！

超级聪明的老鼠

现在，地球上没有任何一只小猫会发光，也没有任何一只羊可以织出蜘蛛网。

动物世界究竟在发生着什么样的变化？

一些新型生物开始出现，而它们是过去数十亿年都不曾出现的。

这种现象意味着人们已经开始改变基因，创造出新的生物了！

世界上的所有生物都拥有 基因 ！没有例外！

黑猩猩、鲸、鳄鱼、青蛙、刺猬、蜜蜂、蚯蚓、松树、卷心菜、香蕉、大肠杆菌、苔藓和霉菌……所有生物都是有基因的。

你每天都会把基因弄得到处都是。在皮肤自然脱落的皮脂屑里，每天都会掉的头发里，以及手指甲和脚指甲里，都有属于你的基因。

不仅如此，你每天还会吃掉很多基因。吃到肚子里的肉、米饭、鸡蛋、牛奶、蔬菜和水果，它们也都有各自的基因。妈妈喝的咖啡也不例外！

基因的数量很多。仅仅在你的身体里，就有超过 2.1 万个基因！一只苍蝇有 1.2 万个基因，而秀丽隐杆线虫拥有几乎和你一样多的基因数量，它们大约有 2 万个基因！

"一条虫子竟然和我拥有一样多的基因？"

这并不奇怪。因为水蚤有 3 万个基因，卷心菜的基因更多，它们有 10 万个基因！

"天哪！"

你知道一粒菜籽是如何长成一颗卷心菜的吗？这个秘密就藏在它的 10 万个基因里。同样的道理，从苍蝇的 1.2 万个基因里，我们可以看出虫卵如何成为苍蝇，而你身体里的 2.1 万个基因则记录了你如何一步一步变成人类！

快去照一照镜子吧！

你有一颗头、两只胳膊、两条腿、两瓣屁股，而且嘴里长了牙齿，屁股上没有长尾巴，一切都刚刚好！

"你在说什么呀？！"

也许你觉得这一切都是理所当然的吧。

不，绝对不是！

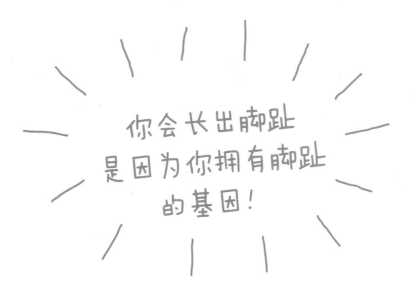

你会长出脚趾
是因为你拥有脚趾
的基因！

如果没有基因，这一切看似正常的事情就不再是必然的了。如果基因是七上八下、乱七八糟的，也许你就不是现在的样子了，也许你会变成一个比小说《魔戒》里的咕噜更加狰狞的怪物！

成为人类中的一员，
变成一个男孩子／女孩子，
让你成为现在的你，而不是任何其他人，

形成这一切的秘密

就藏在你的基因里！

你拥有长出脚趾的基因，但是苍蝇并没有！

你拥有长出牙齿的基因，但是卷心菜并没有！

嘎嘣！如果卷心菜也拥有牙齿的基因，那么我们吃卷心菜的时候就会咬到它的牙齿了。

"真是这样的话，妈妈就不会让我吃卷心菜了吧?"

让我们再看看有助于光合作用的叶绿素吧。卷心菜有这种基因，但是你和苍蝇并没有。

如果你也拥有叶绿素基因，那么即使不好好吃饭，只是像植物一样晒晒太阳，你也可以健康地成长。

只不过如果真的发生这种事情，你就不能再玩电脑游戏了，毕竟你需要花一整天的时间站在外面晒太阳。

哈哈哈！也许未来的某一天，你的身体里也会出现叶绿素基因。但是现在，你身体里的基因是让你长出两只胳膊、两条腿的基因，是让你长出牙齿和脚趾的基因。此外，还有双眼皮基因，卷头发基因，决定皮肤和眼球颜色的基因，决定血型的基因，酒窝基因，秃头基因，还有……

"怎么会有秃头基因？"

如果你的头发真的掉光了，那就是你的秃头基因发挥了作用。

"我可不想变成秃头！"

很遗憾，但这并不是你可以决定的事情。基因的力量是非常强大，又非常不可思议的。

你的力量根本无法与基因抗衡。相反，你的一切都是由基因决定的。

基因会发出命令。

"细胞伙伴们，开始复制吧！"

"快快长大吧！"

"制造肌肉吧！"

"让他变成一个很棒的孩子吧！"

如果没有基因，你就不会长得像你的爸爸妈妈，而且你也不会长大了。

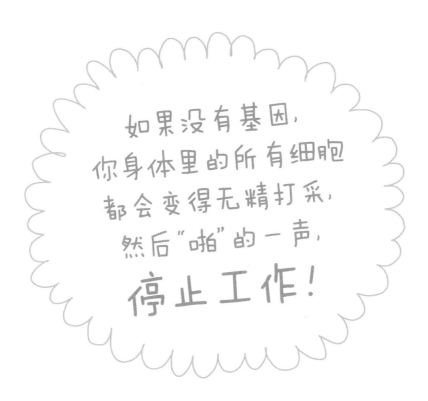

如果没有基因，
你身体里的所有细胞
都会变得无精打采，
然后"啪"的一声，
停止工作！

从头发到脚趾，从聪明的大脑、怦怦跳的心脏，到肝、肺、肠、膀胱、肌肉、血液、皮肤、体毛……你的一切都是基因创造的。

所以你就是基因创造出来的一部作品！

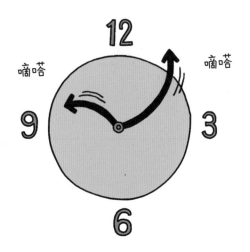

当当当当！把时针往回拨，逆转时间！

这一天，你刚刚出现在妈妈的肚子里。

"是 2009 年 4 月 1 日吗?"

不是，你说的是你出生的日子。我指的是妈妈的卵子和爸爸的精子相遇，妈妈的肚子里出现受精卵的那一天！就在那一天，你的遗传基因已经形成了！

那时的你还只是一个细胞，软软的、圆圆的，而且小小的。

可是这个细胞里有爸爸妈妈留给你的所有基因。接下来，这些基因就会慢慢"制造"出世界上独一无二的你了，真的非常非常神奇！

最开始的时候，
你只是一个细胞。

这就是我？

这里真的有我的
基因吗？

没错！

嘘！细胞要开始分裂了！

1个细胞变成2个细胞。

2个细胞变成4个细胞，4个细胞变成8个细胞，8个细胞变成16个细胞……

细胞越来越多。

直到现在，你身体里的细胞仍在不停地增多。也正是因为这样，你才会长大。

现在，你身体里大约有60万亿个细胞，而且每个细胞里都有基因。大脑、心脏、屁股、脚趾、骨头、头发、鼻屎……

基因藏在每一个细胞里！

所以只要有一点点唾液、几根头发或者一管血液，就可以做基因检测了！

你的每一个细胞
里都有基因！

你的爸爸妈妈把什么样的基因传给了你？

你想要得到哪些基因，又不想遗传到哪些基因呢？

据说在很久以前，欧洲有一个哈布斯堡王族，这个家族的王子和公主都长着非常突出的下巴。

因为大下巴王子和大下巴公主会不断地组成新的家庭，慢慢地，哈布斯堡王族就变成了以大下巴闻名于世的皇室家族。

就这样，基因代代相传。爸爸妈妈的基因会遗传给你，你的基因会遗传给你的子孙，你的子孙会把他们的基因再遗传给他们的子孙！

总有一天，你会死去，你的身体会回归大地。但是你的基因是不会消失的，它们会不停地传下去……

哈布斯堡王族的秘密

就这样，基因一代又一代，
一代又一代地传了下去！

基因的年纪已经很大很大了！

有些基因和鼹鼠一样古老，还有些基因和鱼类一样年代久远。世界上最古老的基因大约在36亿年前就已经出现了！

天啊，基因难道是化石吗？

你是怎么知道的？

科学家们和你想得一样。

他们觉得，基因就是我们身体里的"小化石"！

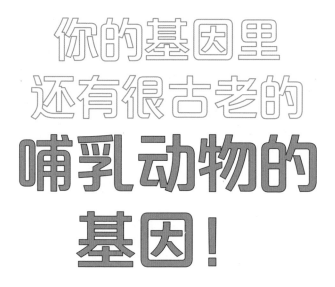

你的基因里还有很古老的哺乳动物的基因！

你属于哺乳动物，而且长出了毛发。现在的你已经长出了软软的头发，很快，你的腿上也会长出很多汗毛。这样看来，也许你身体里的哺乳动物基因就是让你长出毛发的原因。

不仅如此，我们还可以在你的基因里找到古老鱼类的基因。你之所以长出脊椎也许就是因为这些鱼类基因的存在。

你的身体里还有感知恐惧的基因。当你站在悬崖峭壁上的时候，你会觉得很害怕，这种恐惧的感觉令你无法继续往前。你会不知不觉地竖起汗毛，本能正告诉你快停下脚步！

这种本能并不是你从学校学来的，而是古老的基因命令你的大脑这样做的。

你说的都是事实吗？

当然！

科学家们也为之震惊。

"独家新闻！重大新闻！"

"我们竟然在人类的基因里找到了老鼠、鱼和细菌的基因！"

"真的吗？"

千真万确！

　　读到这里，也许你对基因仍然一知半解。你不知道基因长什么样子，不知道基因究竟是什么东西，也不知道它们藏在哪里！

　　"DNA 又是什么东西？"

　　你的身体里有细胞，细胞的中央有一个圆圆的细胞核，在细胞核里，你就可以找到弯弯曲曲的 DNA 了！

这是什么？
这是细胞核！
是我们变小了吗？变得和灰尘一样小？
不对！现在的我们比灰尘还要小得多！
这些都是什么东西？
这就是DNA！
弯弯的，看起来真像泡面！
DNA就是由碳、氧、氢、氮和磷组成的分子梯子！

稍等！让我们先把书转过来！

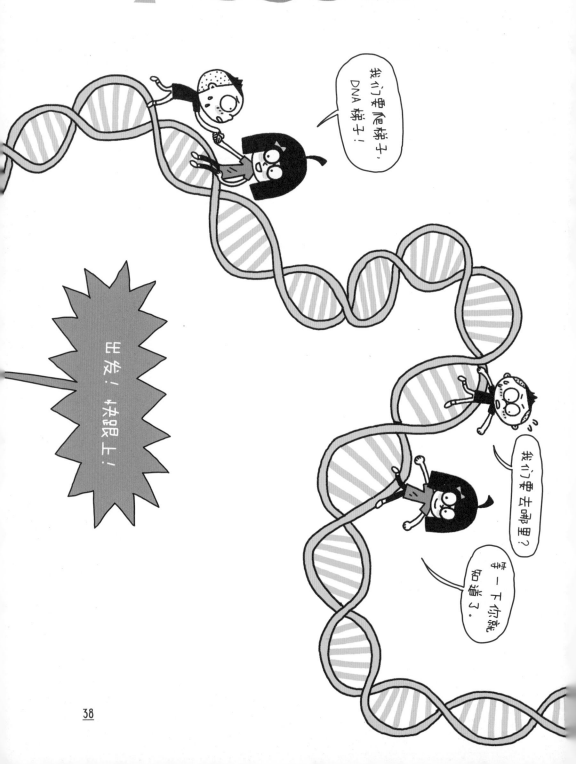

38

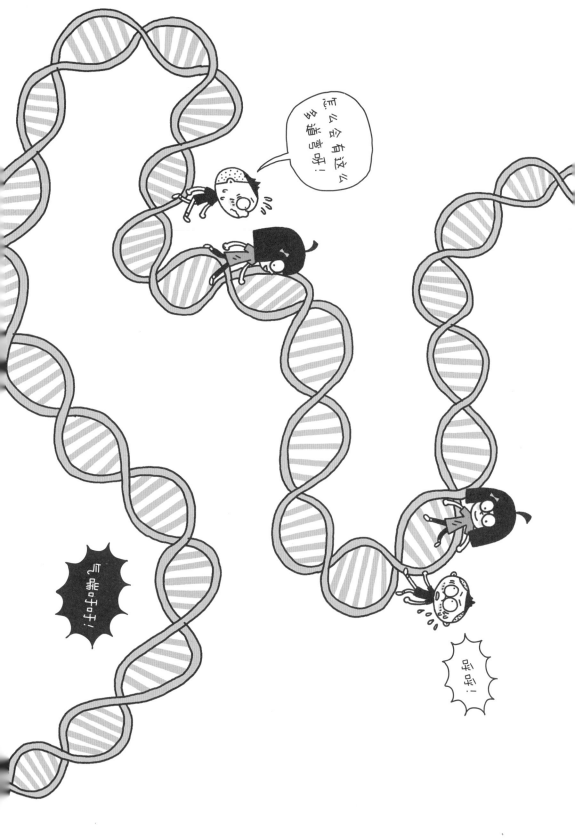

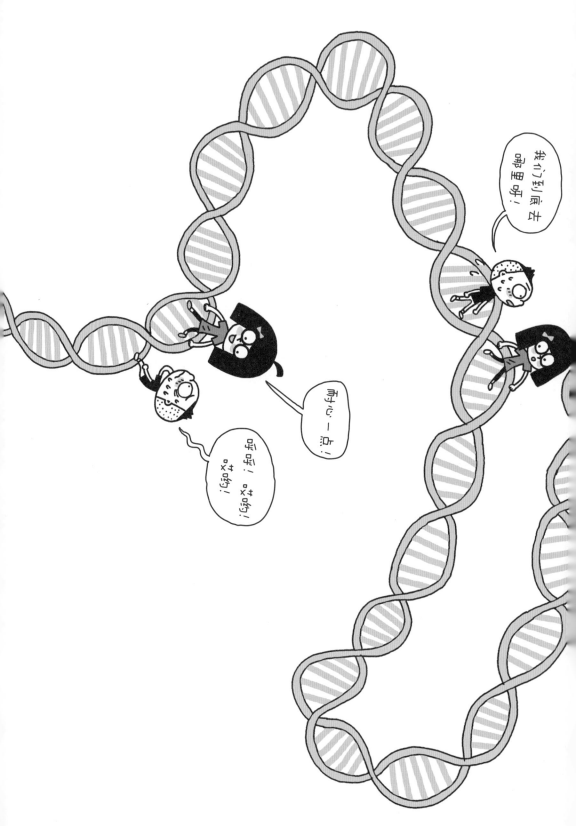

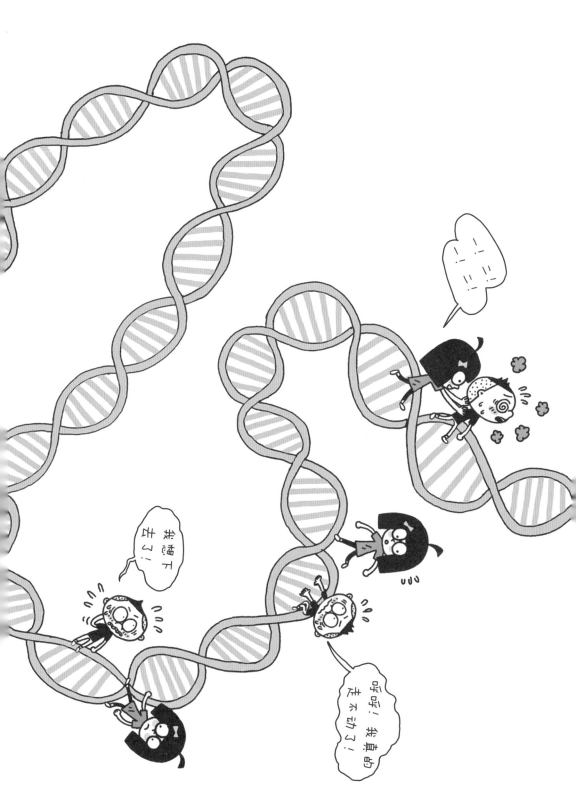

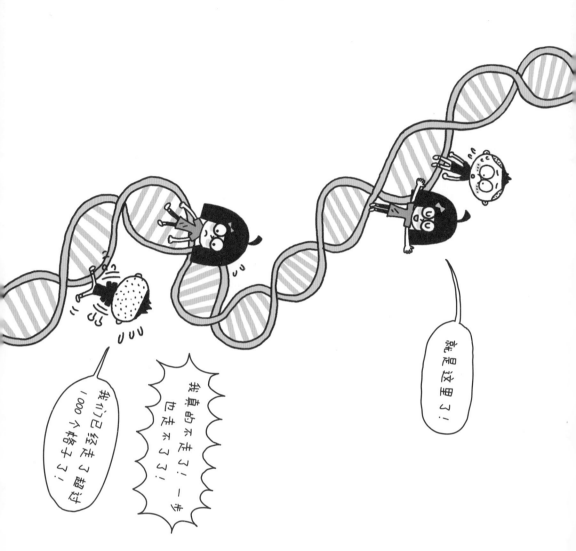

终于走完了1000个格子，但是我们也只是走过了一个基因而已！

有时候，2 000个格子，甚至3 000个格子加在一起，才是一个完整的基因！

"天啊！"

双眼皮基因、酒窝基因、卷发基因……各种各样的基因都在长长的DNA里排起了队！

科学家们是怎么知道这个秘密的呢？

他们怎么知道需要1 000格、2 000格，有时候甚至需要10 000格DNA梯子才能组成一个基因呢！他们又是怎么看出哪个是双眼皮基因，哪个是酒窝基因，哪个是卷发基因的呢？

为了了解这些情况，科学家们一直在潜心研究，为此他们已经头发花白了。

"了不起！太了不起了！"

即便如此，科学家们仍然没有放弃挑战。因为无论DNA有多长，结构有多么复杂，组成DNA的成分只有4种。科学家们把这4种基础的分子模块命名为A、T、C、G碱基。它们是这个样子的！

你想看一看吗？

DNA 梯子里有 A、T、C、G 这 4 种组成成分!

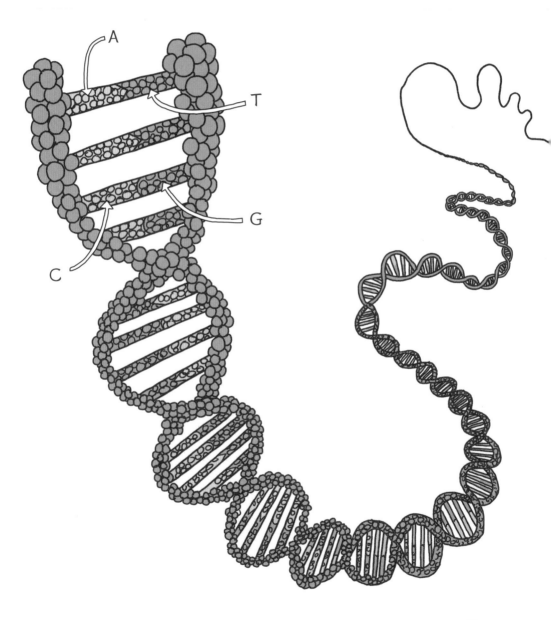

无论是人、苍蝇，还是卷心菜，所有生物的 DNA 都是由 A、T、C、G 组成的。

例如，苍蝇的 DNA 是 **ATTCGACAATAGGT**……卷心菜的 DNA 是 **TGGACCAATAAGCGCCT**……人类的 DNA 是 **ATTCGAGGTAAGAGG**……苍蝇、卷心菜和人类的 DNA 看起来好像差不多，只是 A、T、C、G 的排列顺序各不相同。也正是因为排序的不同，世界上才会出现苍蝇、卷心菜和人类等不同的生物。

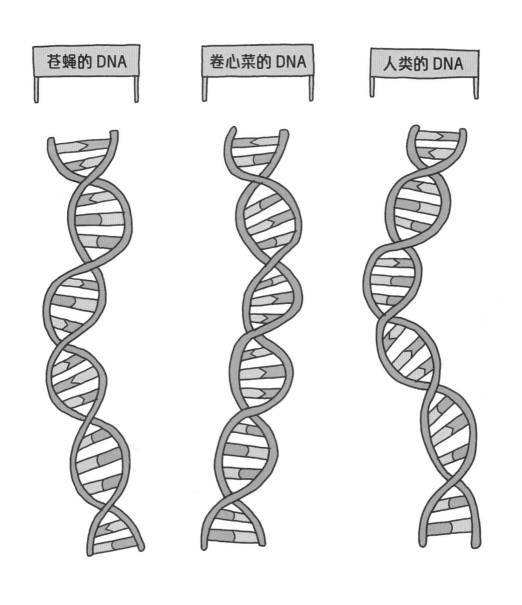

苍蝇的 DNA   卷心菜的 DNA   人类的 DNA

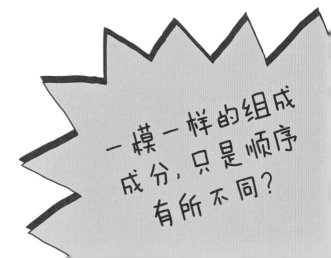

一模一样的组成成分,只是顺序有所不同?

没错！

这个事实实在是太神奇了，而且太重要、太让人震惊了。如果每一种植物和动物的基因都由不同的成分组成，而且成分又多又复杂，那么科学家们就没办法解开基因的秘密了。

恰恰是因为从细菌到人类，一切生命的基因都由A、T、C、G这4种成分组成，所以科学家们才有勇气坚持挑战，直到解开生命的秘密！

是时候让你好好了解一下 **基因组** 了。

简单地说，如果你知道蚊子的DNA中 A、T、C、G 是以怎样的顺序排列的，就等于你已经了解了蚊子的基因组。

同样，如果你明白你的 DNA 中 A、T、C、G 是怎样排列的，你就了解了你的 **基因组**！

在你的每一个DNA中，A、T、C、G 的排列顺序都是不一样的。

我们需要了解的就是这些 DNA 的排列顺序！

科学家们正在非常努力地绘制地球上各种生物的基因图谱，这就是**基因组计划**！

2003 年，人类的基因组图谱终于完成了。

为了绘制人类基因组的图谱，来自世界各地的数千位科学家加入了这项工作。这项工作历时 13 年，为此花费的资金大约为 30 亿美元。历经千辛万苦，一张前所未有的世界上最伟大的图谱终于与我们见面了。

我们揭开了人类 DNA 中所有 A、T、C、G 的秘密。我们发现，人类 DNA 中一共有 32 亿个碱基对，而我们已经掌握了每一个碱基对的排列方式！

科学家们激动地喊了出来。

"哇！啊啊啊！嘿嘿嘿嘿！这种心情仿佛看到了黑洞！第一次在系外行星上行走，也许就是这种感受吧！"

为了向大家展示 A、T、C、G 碱基的排列顺序，有一位科学家把这些资料全部打印了出来。你知道吗？印出来的资料竟然可以被装订成 200 册 1 000 页的大部头！

"哇！我好想读一读这本书！"

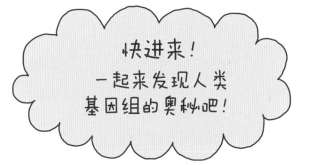

快进来！
一起来发现人类
基因组的奥秘吧！

阅读基因组之书

哈哈！你不知道了吧！

这可是世界上最无趣的书了。估计除了科学家，谁都没办法坚持把这些书读完吧?

毕竟从第1页到第1000页，这本书里只有4个字母，那就是A、T、C、G。

没完没了，没有尽头！

ATCTTTGGGGGAACGTGCAT
TTCAAAAACCTCGATCATCAT
ATTCTGCACCCGTATCATCAT
TGGTTTTGGTTAATGCCCGT
ATCGATCATGTGGTAACTCC
CCTCACCACCGTATCATCACC
ACCGCACCACCACGTATTTTG
CCTCACCTCGGGAACGTATG
TGTGTGCTGCTGCGGATCG……

这些字母到底是什么意思啊?

真无奈，图谱虽然画出来了，可我们并不知道它在表达什么。

　　不要泄气，毕竟科学家们也只看懂了 2% 的内容。他们还在为解读基因组图谱而日夜奋战。

　　"什么？还有 98% 是我们不知道的内容？"

　　没错，不过细胞倒是很清楚这张图谱的含义。

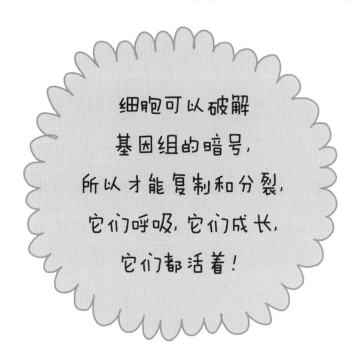

细胞可以破解
基因组的暗号，
所以才能复制和分裂，
它们呼吸，它们成长，
它们都活着！

　　相对于细胞，科学家们了解的内容还是太少了。

　　基因到底是怎么工作的？它们怎么活着？怎么运动？怎么呼吸？怎么繁衍后代？又是怎么创造出有智力的生命的呢？

也许我们可以多画几张人类基因组图谱，有了一定的积累之后，就能解开基因的秘密了。

毕竟，科学家们现在掌握的只是极少数人的基因组图谱而已。

绘制第一张基因组图谱的时候，一共投入了约 30 亿美元。但是现在，只需数千元人民币，我们就可以了解你的基因组了。

没错。你很快就能拥有属于自己的基因组之书了。

也许在未来世界，你所有的基因组信息都会被储存在一张小小的芯片里，而这张芯片就是你的身份证。

你出生的秘密，以及你独特的外貌和个性，这些只属于你自己的秘密都藏在你的基因组里。就算走遍天涯海角，你也找不出任何一个和你拥有完全相同的基因组的人！除非你是同卵双胞胎之一，同卵双胞胎的基因组是一样的！

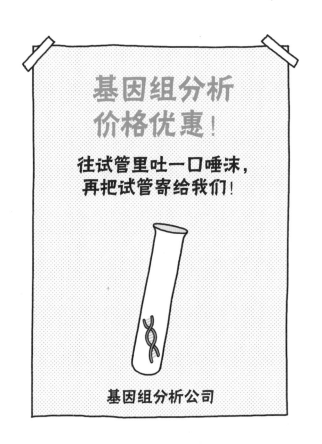

基因组分析
价格优惠！

往试管里吐一口唾沫，
再把试管寄给我们！

基因组分析公司

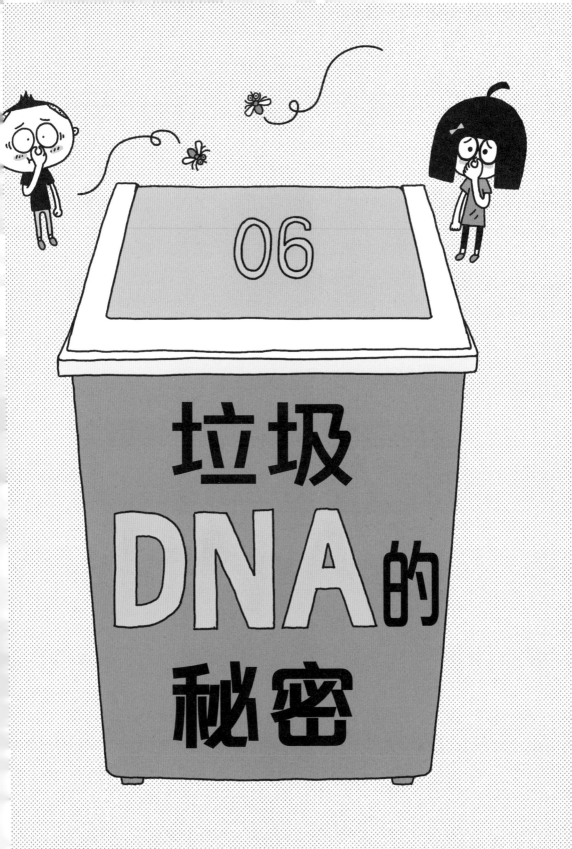

06

垃圾
DNA的
秘密

　　人类基因组图谱向我们揭示了一个非常惊人的秘密：人类的 DNA 里竟然只有 2.1 万个基因。

　　"只有?"

　　对呀！蚯蚓有 2 万个基因。老鼠的基因更多，它们有 3 万个！

　　太奇怪了！毕竟很多事动物是做不到的，只有人类才可以把外语背得滚瓜烂熟，可以解数学方程式，可以踢足球，还会为明天的考试担心。

　　所以人类的基因就应该比蚯蚓和老鼠多，这难道不是一件理所当然的事情吗？然而，事实却并非如此。一条没有大脑，只会扭曲着爬行，只懂得吃的蚯蚓，在基因数量上，竟然与人类相差无几！

　　"太不可思议了!"

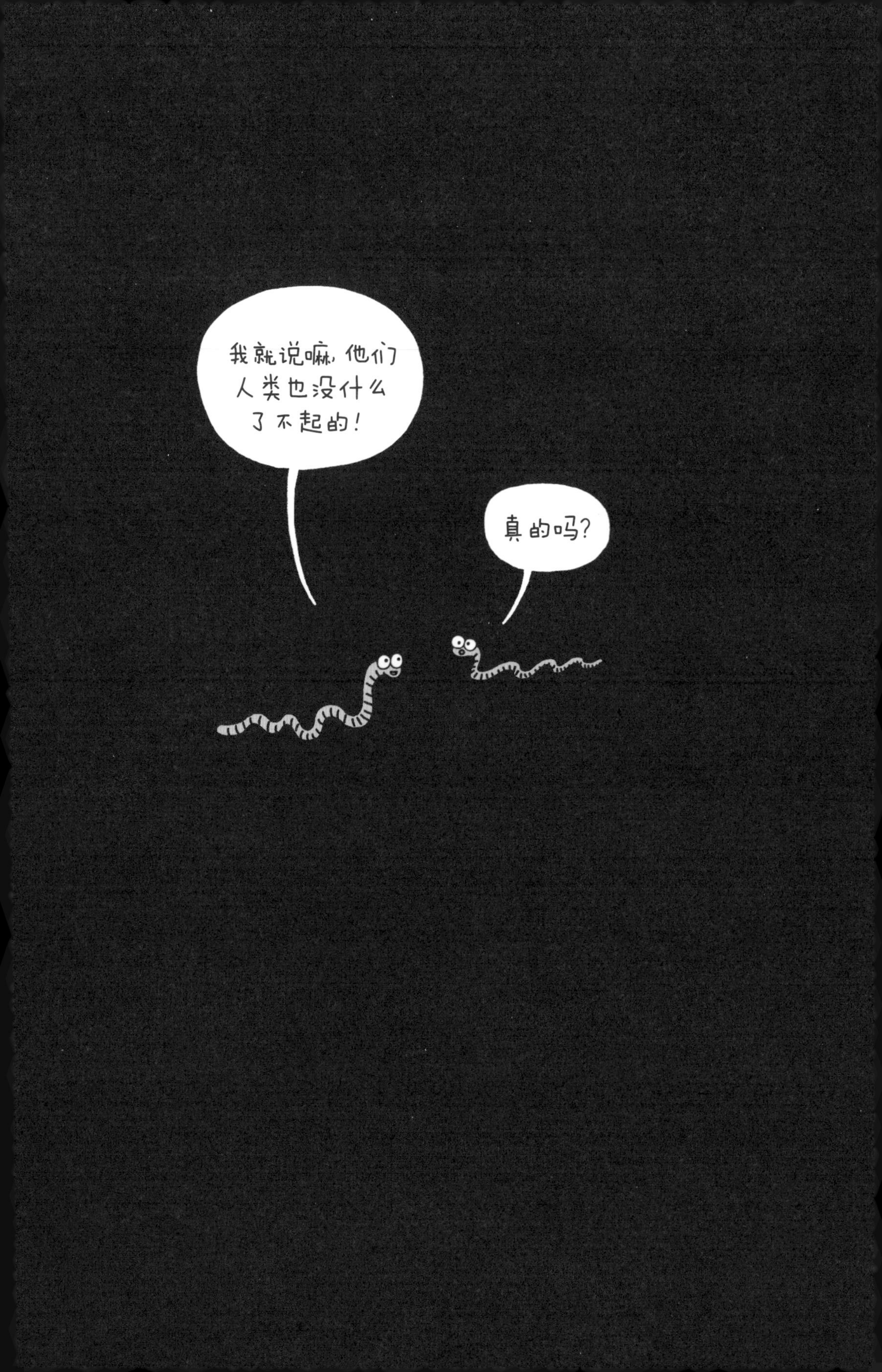

我就说嘛，他们人类也没什么了不起的！
真的吗？

到底是怎么回事？

接下来，我们该聊一聊 **垃圾 DNA** 了！

尽管人类的 DNA 比蚯蚓的 DNA 略长，但是，人类 DNA 里的垃圾 DNA 实在太多了！

"垃圾？你在说 DNA 里有垃圾吗？"

没错！

"它们为什么会出现在那里？它们在那里做什么？"

真让人摸不着头脑。

你知道吗？在世界上所有的生物当中，人类的垃圾 DNA 是最多的。

研究发现，生物的结构越复杂，体内的垃圾 DNA 就越多。

卷心菜的垃圾 DNA 比细菌的多！

蚯蚓的垃圾 DNA 比卷心菜的多！

鱼的垃圾 DNA 比蚯蚓的多！

老鼠的垃圾 DNA 比鱼的多！

猪的垃圾 DNA 比老鼠的多！

人类的基因组里有太多太多的垃圾 DNA。如果我们阅读基因组之书，就会发现这本书里的很多字都是没用的，而且我们还看不懂这些字究竟是什么意思。让我们一起把这些字大声读出来吧。

哈哈哈哈呼呼呼！

噗哈哈！

这都是什么呀？

哈哈哈哈呼呼呼呼呼呼呵呵呵呵呵嚯嚯嚯嚯呗
呗哈哈哈阿咚那咚咕咕噗嘎嘎嘎嘛咗咿咙咙呗
咙咙咙咙咚咚啵呕呕嘭嘿唢唢唢请做出五根脚
趾吱啵嗦嗙哃哒哒哒吼哈哈噗吱叽嚓嚓唰唰嚓
唰哩唻唻唔唔唔噔噔咚啾唔唔咯咯呀哎哎呕呐
汰吐嘭嘭嘣嘭哂哂咭咭呢呢唢嘤嘤咿唔唔旺咋
嚓噶哺唧啊哈哈哈哈呼呼呼呼呼呼呵呵呵呵呵
嚯嚯嚯嚯呗啊哈哈哈呼呼呼呼呼呼呵呵呵呵呵
呵嚯嚯嚯嚯呗吹吵吵吵吵嘎嘎嘎嘎噬呼呼吗嚓
嘛嚓吗嚓唧唧噤噤哆嘟嚰嗲咕咕呢哞呐呐呐啦
请做出大脑需要的蛋白质咕咕咕咕嘎嘎嘎嘎噶
噶噶噶嘟嘟嗲嗲嗲咚咚嘟嘟哒哒啖啖嗒嗒啰
啰咙咙咯咯卜卜卜嚰嚰嘶嘶呜呜呜噗噗噗啪啪
啵啵叹哝哐哐哐咖咖咳咳吭咚嘟啦啦啦哔哔哔
嚰嚰嚰嗖嗖嘿嘿嘻嘿嘟嗙嗙嗙唧唧唧唪唪嘟嘟
咋咋咋嚓嚓嚓啵啵啵噗噗喊喊咕嘟咕嘟嘟咕呗
呗呗啵啵啵呢呢呢呢嚰嚰噶唧咀唧咳咳咳卜嘟
嘀嘀嘀咯咯咯咯咯咳叻咳叻咳叻嘣咯咯嘎嘎嘎
咩咩吗吗咖呷噶噶吗听听听听哽哽……

"我的舌头都要打结了！这都是些什么？"

你能找到藏在里面的有用的字吗？在这一整页的字里，只有两句话是你可以读懂的。

你找到了吗？

"难道我们是在玩找图游戏吗？"

是找字游戏才对吧！

"我找到了！就是这两句。"

请做出五根脚趾

请做出大脑需要的蛋白质

这些带有某种含义的部分就是基因。基因就像这些字一样，稀疏地排列在长长的 DNA 里。

"那么剩下那些奇奇怪怪的字都是什么呢？"

剩下的部分都是垃圾 DNA！

垃圾 DNA 实在太多了！

举个例子，假设一家汽车工厂内有 100 名员工，其中只有 2 名员工在组装和生产汽车，而剩下的 98 名员工都无所事事。这 98 名员工就类似于人类基因组里的垃圾DNA。

人类基因组目前的状态就和这家工厂的情况没什么两样。

这多么不像话呀！

按理来说，这可不是正常情况。大自然怎么会把这些毫无用处的垃圾放在细胞里呢？

还是让我们再思考一下吧！

或许剩下的 98 名员工也在工作，只是我们没有看到呢？虽然他们并没有参与汽车的生产，但是他们也许在做一些其他的事情？

"比如做什么事？"

他们可以向银行申请贷款，开关工厂的大门，维护工厂的设备，给员工发工资，打扫洗手间，宣传产品，销售汽车！

垃圾 DNA 会不会也在默默地做一些事情呢？

也许 **垃圾 DNA**
并不是真的垃圾!
垃圾 DNA 里还有
很多我们不知道的秘密。
也许就是因为这些垃圾 DNA,
你才可以长大,
你才可以保持健康,
你的基因才可以活下来,
并成功地传给下一代!

分析基因组，指的就是把基因组里所有的基因和看似毫无用处的垃圾 DNA 都调查清楚。

最初，科学家们也认为垃圾 DNA 是毫无用处的，所以才会把它们叫作垃圾。但是，他们的想法已经发生了改变。现在，他们觉得垃圾 DNA 中也许藏有生命的秘密，甚至是比基因的秘密更加神秘的秘密！

如果你可以解开垃圾 DNA 的秘密，拿 100 个诺贝尔奖都不在话下！

　　有一天，科学家的脑子里出现了很奇怪的想法：我们可不可以把基因组揉成一团？我们可不可以"加工"基因组？

　　"把基因组加工成菜？那一定很难吃吧。"

　　你误会了，我说的并不是这个意思。

　　"那你指的是什么？"

　　我在想，我们是否可以修改基因组。

　　"修改基因组是什么意思？"

　　直到今天，你还在不停地长大。你的细胞每天都在分裂。而在细胞分裂的同时，基因也被复制了。这就说明基因组也得到了复制！

　　难道在过去这么长的时间里，连一次意外事故都没有发生吗？基因组里有数百万、数千万，甚至数亿、数十亿个碱基对，难道每一次复制都是完美无误的吗？

发生了什么事？
那个家伙看起来怎么和我们不太一样？
安静一点儿，我正在突变！
不可以！
它们正在不停地增加！
不管了，不管了。过会儿再想吧！

基因组并不是计算机，所以在复制的时候，随时都有可能出现失误。

如果基因里的部分碱基对突然消失，或者有其他碱基对加入，甚至原有碱基对被替换，这些情况都属于基因突变。

"天啊！怎么会发生这种事情！"

不要担心！你身体里的细胞非常多。即使其中某些细胞发生了基因突变，也并不是什么大不了的事情。

"真的吗？在我看来，这可是一件非常严肃的事情！"

你再好好想一想，就算你有几根头发变成了白色，你也不会一下子就变成一个白头少年呀，对不对？

"那可真是万幸。"

但是，如果爸爸妈妈把突变的基因遗传给了自己的孩子，这个问题就会变得比较棘手了。

"为什么？"

假设当你刚刚出现在妈妈的肚子里，你还是一个很小的细胞时，很不幸，你遗传到了爸爸妈妈的突变基因。1天以后，2天以后，细胞不断地增多，不停地被复制。就这样，基因也会不停地被复制。接下来会发生什么事情呢？

"每一个细胞都带有突变的基因！"

没错，这就是遗传病！

过去有一个患有遗传病的孩子叫作维特尔，他一直生活在一个大大的泡泡里。

维特尔没有任何免疫能力。他不能接触任何未经杀菌的东西，只能在无菌环境中生活！

所以出生 20 秒之后，他就被送进了一个大泡泡里。经过处理的无菌空气会一天 24 小时不停地被注入泡泡之中。

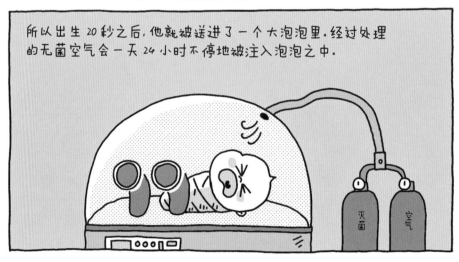

到了他该上学的年龄，人们就在泡泡外面给维特尔授课，教他各种知识。

很久以前，有小猪三兄弟……

在维特尔的一生中，他只短暂地离开过泡泡 6 次，而且每次都要穿上厚重的航天服。

任何细菌都无法进入 →

到了 12 岁，维特尔接受了骨髓移植手术。但是因为感染了捐赠者的骨髓中事前未发现的病毒，维特尔在术后几个月就离开了人世。

"呼……他去世时只比现在的我大 2 岁……"

怎样才能治好遗传病呢？科学家们正在寻找办法。但是我们必须明白，这是一件异常困难的事情。

发现突变基因这回事，相当于在广袤的沙漠中找到一粒发生突变的沙子！

"有那么困难吗？"

非常难！即便找到了那一粒发生突变的沙子，我们还要确保在进行修复时，不碰到其他任何沙子。

"天啊！"

我们真的可以在不影响其他基因的前提下，神不知鬼不觉地把发生突变的基因治好吗？有没有办法让我们找到突变基因，再用正常的基因把它们替换掉呢？

"用剪刀修复基因？还有这种剪刀？"

没错！

细菌里都藏有一把基因剪刀！

科学家们发现这个秘密的时候也非常震惊。所有人都没有料到，细菌竟然拥有这么伟大的功能！

基因剪刀其实是细菌在防御病毒时会用到的工具。

科学家

模仿细菌中的

基因剪刀

发明了

新的

基因剪刀！

"是一把真剪刀吗?"

当然不是!

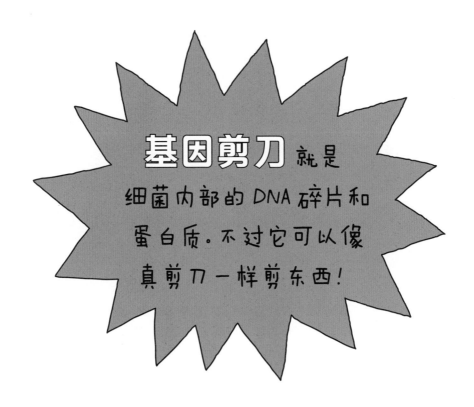

基因剪刀就是细菌内部的DNA碎片和蛋白质。不过它可以像真剪刀一样剪东西!

在病毒侵入时,"咔嚓"一下,细菌就会用基因剪刀把病毒的DNA剪掉,这样一来,病毒就遭到了破坏!

"哇!"

目前,科学家正在尝试利用细菌的基因剪刀治疗遗传病。

真希望基因剪刀可以治好所有遗传病！

只可惜事情并没有我们想的那样简单！

如果突变基因的数量已经高达数百万个，我们是没有办法把它们一个一个都修复好的，而且突变基因只会越来越多！

所以，科学家们打算在只有一个细胞的时候就开始治疗，也就是在爸爸的精子和妈妈的卵子相遇，形成第一个细胞的时候！如果在那时就及时进行治疗，这个细胞就能够拥有正常的基因了。如果被复制的细胞是正常的，那么接下来的所有细胞就都拥有正常的基因了。

真是万幸！

可是事情并不是那么简单的，因为至今世界上还没有一个孩子是这样出生的！

为什么？

无论是科学家、医生，还是政治家，他们对随意修改人类基因都充满了恐惧。因为这种行为无异于修改了一个即将出生的孩子的基因组。

不仅如此，被修改的基因组还会代代相传，这就相当于改变了未来数代人的基因组！

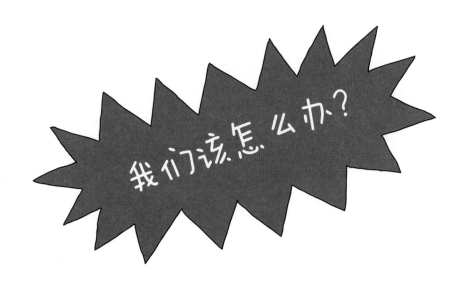

做也不是，不做也不是

在基因编辑技术已经存在的情况下，我们还会坚持回避这项技术吗？如果这项技术真的可以治愈可怕的遗传病，我们就应该好好利用它，难道不是吗？

不过，如果人人都能随意修改基因，那么这项技术是否会变得很危险？也许人们不仅会用这项技术治疗疾病，还会用它来改变孩子的外貌和才能……

利用基因剪刀操控人类受精卵细胞中的基因

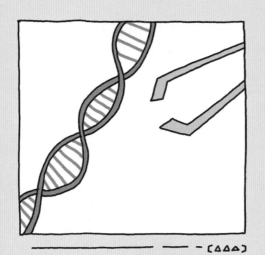

－－〔△△△〕

一次可怕的实验……

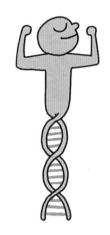

科学家们议论纷纷！

"怎么可以改动人类的细胞?"

"他们成功了吗?"

"怎么可能会成功！"

"天啊，竟然真的成功了！"

"不，是失败了！"

"86 个受精卵中，只有 4 个成功了！"

"至少成功了 4 个啊！"

"实在太危险了！"

科学家们纷纷发出了声音。

"竟然要修改人类的细胞？这是绝对不可以的！绝对不行！"

来自世界各地的科学家们对此表示震惊，并提出了他们的担忧。万一有些人由此受到启发，开始利用正常细胞做其他的基因实验呢？

虽然这种方法成功后可以用于治疗遗传病，具有划时代的意义，但它还是遭到了科学家们的一致反对。因为目前来看，这种实验实在太危险了。

不过随着遗传编辑技术趋于成熟，科学家们也在预测，也许在不久的未来，我们将迎来 GMO 人类 1 号。

第一个 GMO 人类的爸爸妈妈内心一定非常纠结，但是对他们来说，最重要的莫过于避免把自身的疾病遗传给孩子，所以他们才会异常艰难地做出这一选择。

GMO 人类 1 号
一定会成为世界上
最有名的孩子。同时，这个
孩子也可能是世界上
最不幸的孩子。

在迎来第一个 GMO 人类之前，我们会经历数十遍、数百遍，甚至数千遍的失败。即使只有一个细胞出了问题，实验开始后的 1 个月、3 个月，甚至在这个孩子出生以后，不幸也可能随时降临。

这么做实在太危险了！

如果 GMO 人类 1 号可以健康平安地长大，GMO 人类 2 号、GMO 人类 3 号也可能会陆续出生。

　　接下来会发生什么事情呢?

　　"GMO 人类 4 号、GMO 人类 5 号也可能诞生!"

　　让我们想一想未来会发生什么事情!

　　也许没有遗传病的人也很想拥有一个 GMO 孩子。

　　也许越来越多的家庭都希望拥有一个更健康、更聪明、更有魅力的孩子……

预定一个小孩

你想要什么样的孩子？

我要把我们的孩子培养成钢琴家，所以请让他的手指修长一些！

让我的孩子长出刺头的发型！

请让我的孩子拥有一口不会长蛀牙的牙齿，让他不用为刷牙发愁！

世界上会不会很快出现一家专业的基因编辑医院?

就像现在我们可以做双眼皮手术一样,在这家医院,我们可以为未来的后代预定一台基因手术!

如果这一切成为现实,爸爸妈妈们会做出什么样的选择呢?

如果可以定制一个健康,不会轻易生病,性格不暴躁,也不抑郁,成绩很优秀,又很擅长运动,长得漂亮,个子又高的模范生,他们会怎么选择呢?

09

创造合成生命体

凭借**基因编辑技术**，一些闻所未闻的生命体开始在地球上出现了！

"怪物出现了？"

也许吧！

如果你把可以制造氢的细菌，以及可以做出塑料的大肠菌和不会放屁的牛称作怪物的话，那怪物可能真的出现了。

近年来，不断有科学家声称培养出了可以生成氢的细菌。

"这是一件很了不起的事吗？"

当然，如果这一发明成为现实，将是一件非常非常了不起的事！

你知道吗？地球上的氢非常非常多，而且是无公害的，但是氢能却非常昂贵！

"为什么？"

虽然地球上有很多氢，但是大部分氢都与氧结合在一起，所以地球上的氢主要以水的形式存在。如果利用分解水的方式获取氢，就要为此投入大量经费。

假如我们能够改变细菌的基因，让细菌释放氢，就可以轻松地获取能源了，而且这样做几乎不需要花钱！

"那么，人们为什么要把普通的牛改造成一头不会放屁的牛呢?"

因为牛在放屁或者打嗝的时候，都会释放出甲烷，而甲烷是加剧温室效应的罪魁祸首之一。

地球上有很多牛。噗噗噗！它们每天都在放屁。你一定很难想象，它们每天究竟排出了多少甲烷吧?

如果牛不再放那么多的屁就好了……

"不过，如果牛一直不放屁，万一砰的一声爆炸了，那可怎么办? !"

当然是想办法减少牛胃里的甲烷呀！

所以科学家们希望培养出能释放氢的细菌，把牛改造成不会放屁的动物……就像这样，他们的梦想是用基因编辑技术治疗疾病，改造地球！

科学家们的脑子里装着这些东西。

可以用细菌作为
汽车燃料吗?

我要培养出一种专
门消灭癌细胞的基
因改造免疫细胞。

如果有一种霉菌可以吃掉
垃圾,一定会很棒。

如果可以培育出一种
在沙漠中不用水也能
生长的植物就好了。

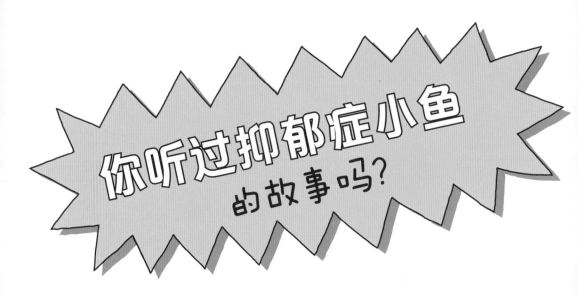

你听过抑郁症小鱼的故事吗？

"没有！鱼怎么会得抑郁症呢！"

当然可能，科学家们已经让一条青鳉患上了抑郁症。

"他们为什么要这么做？"

他们是想通过研究青鳉的基因，更有效地治疗人类的抑郁症。

抑郁症和基因有关系吗？

当然有！科学家破坏了小鱼的血清素，很快这条青鳉就变得抑郁了。

人类的抑郁症也与血清素息息相关，而这个秘密就是通过基因改造青鳉得知的。

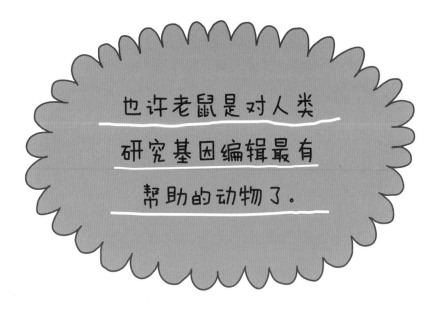

也许老鼠是对人类研究基因编辑最有帮助的动物了。

科学家们一直在用老鼠做基因编辑实验，以此研究各种疾病的发病原因。他们通过改变老鼠的基因，观察老鼠身上出现的变化，认真研究什么样的基因会引发什么样的疾病。

他们选择老鼠，是因为老鼠的繁衍速度很快，而且与人类一样，老鼠也属于脊椎动物和哺乳动物。更为重要的是，老鼠和人类的基因结构高度相似，重合率高达90%！

多亏老鼠的帮忙，越来越多有关人类基因的秘密被揭开了。

例如，科学家去除了老鼠的某些基因之后，它就变成了肌肉发达的"大力士老鼠"。当另一些基因被去除之后，老鼠又变得无所畏惧，非常勇敢。

"无所畏惧?"

没错，那只老鼠竟然想要冲进猫的怀里!

不仅如此，某些基因的缺失会让老鼠变得十分不安；而某些基因得到改造之后，老鼠又会变得特别聪明伶俐。

这些基因同样存在于人类的基因之中!

面对基因改造生物的诞生，

人们的内心充满了恐惧。

人们认为，这样做不仅

不符合自然界的发展规律，

而且侵略了其他生物领域。

毕竟创造生命一直都是生物

本身就具有的能力。

但是，通过基因改变生物并不是最近才有的，从一百年前、一千年前，甚至在亿万年前，自然界就已经存在了！

"真的吗？"

也许你今天就吃到过那样的食物。

"不会吧！怎么会有这种事！"

你今天吃到的大米、胡萝卜和菠菜可不是过去的大米、胡萝卜和菠菜，它们曾经很难吃，而且还很小。过去的奶牛没有像现在这么大的乳房，过去的世界里也没有像玩偶一样小的狗。这一切都经过人们的长期驯化和育种实验，同时，大自然中还广泛存在着基因突变，所以许许多多生物的基因早就发生了改变。

利用 **基因编辑技术**，
我们可以坐在实验室里
花几个月的时间实现自然经过
千万年，而农夫经过数百年
才能做到的事情。

　　科学家们已经掌握了基因剪刀和基因编辑技术。不仅如此，我们还拥有了庞大的数据库，记录了许许多多关于生命基因的信息。细菌、霉菌、老鼠、河豚、大猩猩……不同生物的基因组项目都在有条不紊地进行着，人类的基因组图谱也越来越完善。渐渐地，我们对不同基因的作用和功能也更加了然于心。

　　我们已经迈入在实验室编辑基因的时代。我们已经拥有组合碱基、组装基因片段的能力！

我们还发现，已经有一些公司在专门制作和售卖基因片段了！

　　"真的吗？"

　　没错！无论是科学家、学生，还是研究员，任何人都可以通过网络订购基因片段。

　　"嘀嘀嘀嘀！请帮我编辑一组基因！"

　　接下来，你就会收到这样一封邮件。

　　"嘀嘀嘀嘀！一个基因碱基的价格是 20 元！"

10

我也可以被复制吗

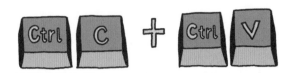

如果有一天，世界上出现了 1 个和你一模一样的你，或者出现了 10 个和你一模一样的你，甚至出现 100 个和你一模一样的你，你会是一种什么样的心情呢？

难道是克隆人吗？

没错！
"我们真的可以复制出一个人吗？"
也许真的可以做到！

克隆人出现了

1996 年 7 月 5 日，一只小羊来到了这个世界。它就是震惊了整个世界的克隆羊多莉。

多莉是世界上第一只被克隆出来的哺乳动物。多莉于 2003 年 2 月 14 日离开了这个世界，在它活着的近 7 年时间里，它一直是全球最热门的明星。

它是世界上被拍摄了最多照片的动物，还接待了来自世界各地的无数记者。就这样，多莉慢慢长大，变成一只很喜欢撒娇的可爱的羊，而且还把自己生下的 6 只小羊照顾得很好。

继多莉之后，陆续出现了不少克隆动物。克隆牛加贺和能登、克隆猫 CC、克隆鹿杜威、克隆马普罗梅泰亚、克隆狗斯纳皮、克隆猪齐娜、克隆狼斯努沃夫，还有 2018 年诞生的克隆猴中中和华华！

克隆羊多莉出生于 1996 年，后来人们经过 22 年的努力，才成功克隆出世界上第一对克隆猴。

克隆羊多莉的诞生

多莉刚刚出生的时候，科学家们异常震惊，甚至一度怀疑多莉是不是真的是被克隆出来的动物。

一些科学家还十分看不起克隆出多莉的伊恩·威尔穆特博士，把他与玛丽·雪莱小说中的弗兰肯斯坦博士相提并论。

事实证明，多莉是一只货真价实的克隆羊，它的基因与第一只羊的 DNA 完全一致。随后，世界上还出现了很多不同种类的克隆动物。不仅如此，一些研究所甚至还售卖克隆狗。

"真的吗?"

没错，而且每一只克隆狗的售价都很昂贵，高达几十万元人民币！不过昂贵的价格并没有把人们都吓跑，与之相反，人们已经开始疯狂地下订单了。

目前，克隆狗的数量已经达到了数百只，它们活跃在不同的地方，比如阿拉伯公主的宫殿里，公司老板的豪宅里，著名歌手的家里，警察局的缉毒大队里……

科学家们会把人类也克隆出来吗?

克隆人会在什么时候诞生呢?

在成功克隆出多莉之前,伊恩·威尔穆特博士经历了 276 次失败。这就说明克隆的成功率可能是 1/277。这同时也意味着,即便经历了 276 次的失败,我们也终将迎来成功。

那么,让我们问问伊恩·威尔穆特博士吧。

我们真的可以克隆出人类吗?

从技术层面来说,有可能,完全可能!

　　将来真的会有克隆人吗？

　　真好奇，他们会是什么样子的呢？

　　如果未来我们真的掌握了克隆人技术，人们会做出怎样的选择？会不会有一些父母因为太思念离去的孩子，决定像克隆一只死去的宠物狗一样，克隆一个孩子呢？

如果有一个和你一模一样的孩子被克隆了出来……

如果有一个和你一模一样的孩子来到这个世界……

"所以他是我的弟弟吗?"

不是! 他就是你! 他是用你的细胞克隆出来的, 与你的基因完全一致。但是, 他长大以后并不会与你完全一样。

"为什么会不一样?"

因为即使现在克隆出一个你, 他也只是一个刚诞生的孩子。

当你 20 岁的时候, 他才 10 岁。

克隆出的你会和你吃不一样的食物, 呼吸不一样的空气, 听不一样的故事长大。他会听到不同的唠叨声, 会得到不一样的表扬, 还会遇见不一样的朋友。虽然他的外貌与你一样, 但是他会拥有不一样的生活。

所以, 他并不是你!

克隆人并不是简单的复制品!

科学家们

为什么

想要研究出
克隆人呢？

科学家的最终目的并不只是克隆出一个人。

他们明知克隆实验非常危险，却仍然坚持这项实验，是因为他们坚信这项技术可以为疾病治疗带来巨大的好处。

伊恩·威尔穆特博士克隆了小羊多莉，来自中国的孙强博士克隆出了猴子中中和华华，也是出于同样的目的。他们并不是想要克隆出一群一模一样的羊，也不是想要通过克隆猴子为克隆人类打下基础。

科学家的最终目的不是克隆人类，而是克隆人类的细胞，再用它们替换生病的器官！

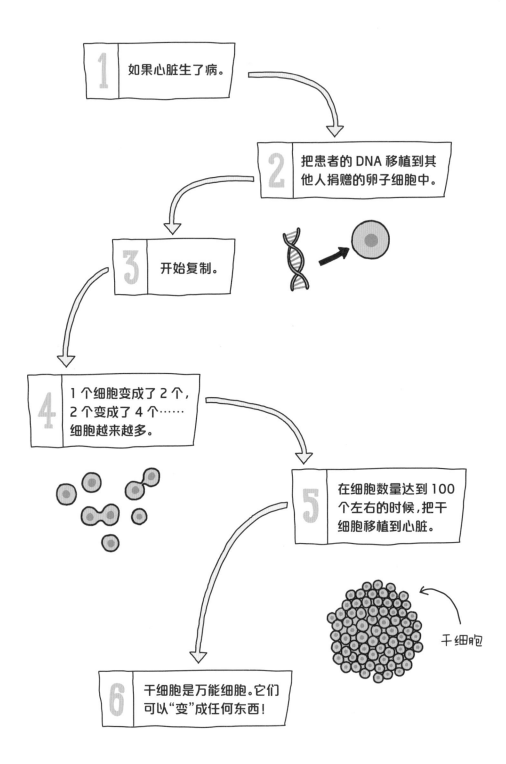

1 如果心脏生了病。

2 把患者的 DNA 移植到其他人捐赠的卵子细胞中。

3 开始复制。

4 1 个细胞变成了 2 个，2 个变成了 4 个……细胞越来越多。

5 在细胞数量达到 100 个左右的时候，把干细胞移植到心脏。

干细胞

6 干细胞是万能细胞。它们可以"变"成任何东西！

心脏生病了吗?

把 **干细胞** 移植到心脏。

干细胞会变多、生长,然后变成一颗健康的心脏!

得了白血病?

不要怕,只需把干细胞移植到骨髓组织里!

只可惜,科学家们现在还不能很好地控制干细胞。

因为干细胞很容易分裂和增多,一不小心就会变成癌细胞!

如果科学家可以很好地解决这个问题,也许人类就可以通过替换衰老和生病的器官和组织,健康地活到150岁了。

当然,也会有一些人并不满足于利用克隆技术治疗疾病,而是真的想要克隆出人类。

"接受克隆人预定!"

不仅如此,他们甚至把克隆人类当作21世纪的使命,还把外星人当作人类的祖先。

克隆人的研究实在是太危险了。

也许有些人会组建一支可怕的克隆人军队。如果他们真的通过基因编辑，组建一支像狗一样忠诚，战斗能力又很强的克隆人军队的话……

这不是虚构的电影情节。如果世界上出现了第二个希特勒，如果他威胁天才科学家为其组建一支可怕的军队，这一切就有可能发生了。

因为克隆人实验的危险系数过高，很多国家都严令禁止这项实验。

也许第一批克隆人在出生和成长的过程中会遇到很多问题，比如，很容易生病，经常发生基因突变，也有可能在年幼时就死亡，等等。

或者，如果他们一生都在为自己克隆人的身份而难过，又怎么办？

如果是这样……

科学家应该立即停止这项实验吗？

因为克隆技术有可能会被误用，或者这项实验成功的希望渺茫，我们就应该绝对禁止它的发展吗？

目前我们的确很难做出判断。

不过，如果人类始终追求百分之百的安全，如果人类禁止一切有可能引发危险的事情，我们的生活会变成什么样子呢？

火很危险！

电很可怕！

汽车、飞机、宇宙飞船都太危险了！

心脏移植？太可怕了！

绝对不可以让试管婴儿出生！

和人类一样聪明的人工智能？不行！绝对不可以！

不可以！不可以！不可以！不可以！不可以！不可以！不可以！

如果是这样，也许我们还停留在黑暗的时代。

克隆技术的对与错，我们至今还不能轻易下结论。

未来的路应该怎么走，这是科学家和我们都应该继续认真思考的问题！

11

我们会迎来超级人类吗

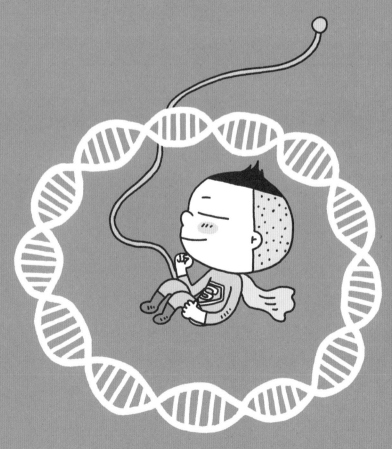

也许到了未来，会有一些没有爸爸妈妈的孩子来到这个世界。

他们出生在实验室里，并没有自己的爸爸妈妈！

"难道他们是人造婴儿吗?"

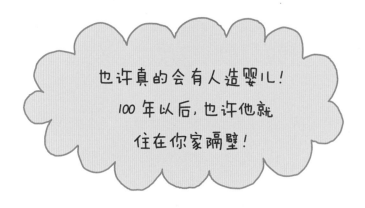

也许真的会有人造婴儿！
100年以后，也许他就
住在你家隔壁！

他们不像普通孩子那样遗传了爸爸妈妈的基因，而是仅凭人工合成的基因组在实验室里培育而成的。与他们上同一所学校，会发生什么样的事情呢?

在实验室里，科学家们正在进行人类基因组的编写计划。

科学家们从细胞中获取 DNA 片段，再以不同的形式把这些 DNA 片段组合在一起，尝试着合成人类基因组。

他们要走的路还很长很长，目前他们的目标就是合成 1% 的人类基因组。

"只有 1%？"

没错，只有 1%！

然而科学家们坚信，几十年以后，他们会在实验室里合成出完整的人类基因组。

还有一些科学家，他们的梦想就更加可怕和危险了。他们希望通过合成人类基因组和基因编辑，让一批像钢铁侠一样聪明，像绿巨人一样强壮，不会生病且长寿的人类来到这个世界。他们希望未来的人类可以在黑暗中发出光芒，可以拥有老鹰的视力，即使受伤也能很快自愈，还能够像豹子一样跑得飞快……

　　"听起来就像一个虚拟人物呀！"

　　这就是比人类更加强大的超级人类！

　　"这么厉害！"

　　你知道吗？在很久很久以前，南方古猿进化为智人。那些长满毛发、嘴巴凸出、驼着背的原始人经过200万年的进化，才变成我们现在的样子。

　　但是现在，人类想要通过自己的力量改变自己。这并不只是通过整容改变容貌，通过吃药长个子或者增加肌肉这么简单。目前，人类想要的是改变基因，改变人类的基因组！

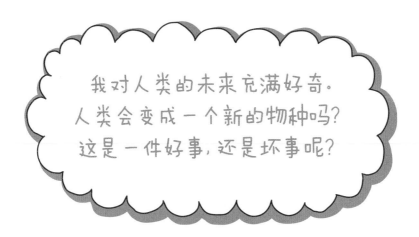

我对人类的未来充满好奇。
人类会变成一个新的物种吗?
这是一件好事,还是坏事呢?

"绝对是一件好事！不，也许是一件坏事！唉，我也说不清楚了！"

不过有一件事是很明确的。30年以后，人们一定会回顾和探讨基因技术如何改变了我们的世界，也会为此感到震惊。就像现在的我们偶尔也会想起以前没有电脑、智能手机和网络的日子一样。

也许在完美的人工智能到来之前，在比人类优秀的机器人诞生之前，基因技术会率先改变这个世界。

很久以前，有些人充满好奇，他们在思考。

为什么孩子长得很像爸爸妈妈？为什么种瓜得瓜，种豆得豆？为什么青蛙只能生出青蛙，而不是别的动物？其中有什么理由吗？

他们的出发点很简单，一切研究都只为找出其中的奥秘。结果，我们发现了基因，我们已经发现细胞和DNA里有基因的存在！

基因只不过是存在于细胞内部的分子。无论怎么观察，它看起来都是既无聊又枯燥的东西。

它并没有生命，但是创造生命的秘密却藏在那里。

细菌、苍蝇、老鼠、鱼、猪、卷心菜和人类……数亿种不同的生物都是如何创造出来的？

所有秘密都写在基因里！

制作团队↙

三环童书
SMILE BOOKS

策划团队：三环童书
统筹编辑：胡献忠
项目编辑：马　坤
封面设计：黄　慧
内文制作：谷亚楠

미래가 온다 시리즈 07. 게놈

Text Copyright ⓒ 2020 by Kim Seong-hwa, Kwon Su-jin

Illustrator Copyright ⓒ 2020 by Cho Seung-yeon

Original Korean edition was first published in Republic of Korea by Weizmann BOOKs, 2020.

Simplified Chinese translation copyright ⓒ 2022 by Smile Culture Media(Shanghai) Co., Ltd.

This Simplified Chinese translation copyright arranged with Weizmann Books through Carrot

Korea Agency, Seoul, KOREA.

All rights reserved.

版权贸易合同登记号 图字：01-2022-0860

图书在版编目（CIP）数据

未来已来系列 . 基因 /（韩）金成花 ,（韩）权秀珍著；

（韩）赵胜衍绘；小栗子译 . -- 北京：电子工业出版社，2022.7

ISBN 978-7-121-43071-8

Ⅰ .①未… Ⅱ .①金… ②权… ③赵… ④小… Ⅲ .①自然科学－少儿读物
②基因－少儿读物 Ⅳ .① N49 ② Q343.1-49

中国版本图书馆 CIP 数据核字 (2022) 第 037887 号

责任编辑：苏　琪　　特约编辑：刘红涛
印　　刷：佛山市华禹彩印有限公司
装　　订：佛山市华禹彩印有限公司
出版发行：电子工业出版社
　　　　　北京市海淀区万寿路 173 信箱　　邮编：100036
开　　本：889×1194　1/16　印张：44.25　字数：424.8 千字
版　　次：2022 年 7 月第 1 版
印　　次：2022 年 7 月第 1 次印刷
定　　价：228.00 元（全 5 册）